U0167856

这是一本与众不同的自然观察游戏书。

它会引导你用不一样的眼光来观察你日常摄入的食物。我们每天吃的食物各式各样，有甜的、咸的，有西式的、中式的，它们不光为我们提供能量，还能为我们带来快乐。你能想象未来某一天，人们拿药丸当饭吃的生活吗？你能想象人们不再花时间做饭、选购食物，甚至种植食物吗？食物是我们幸福生活的源泉，让我们多花点时间了解食物，选择食物吧！

我的自然观察游戏书

生活篇·食物与生活

[法]宝拉·布鲁佐尼●著
[法]伊莎贝尔·辛姆莱尔●绘
李璐凝●译

上海社会科学院出版社
SHANGHAI ACADEMY OF SOCIAL SCIENCES PRESS

它们分别吃什么？

植物可以直接从泥土中汲取养料。

人与植物不同，人需要种植农作物、养殖动物、收获、烹饪……

上面这些动物是草食性动物：它们以吃植物为生。

肉食性动物主要以吃肉为生。

比如，猫咪喜欢吃老鼠一类的啮齿类动物。

有的鸟也是肉食性的！

注意！体型小的动物不一定是草食性的，有些昆虫就是肉食性的（比如蚱蜢、蜻蜓……）。

人类是杂食动物，也就是说，肉类（包括昆虫）、植物、奶类、菌类和藻类等都会出现在人类的餐桌上。

请圈出下面可以吃的东西。

人类什么都能吃吗?

我们可不是什么都能消化的。你能想象自己吃树皮或者咀嚼动物的骨头吗?

而且一些食物就算可以吃,也不代表它的全部都能吃。比如,土豆在出售之前要把叶子都剪下来,因为叶子是有毒的。

请将下面这些植物可食用的部分涂上颜色。

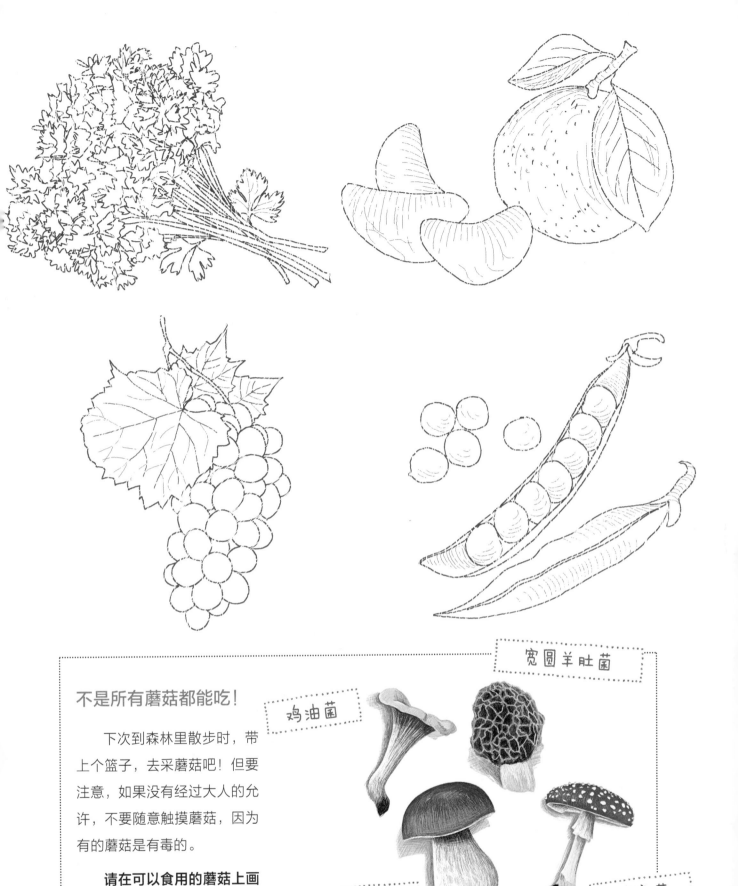

不是所有蘑菇都能吃！

下次到森林里散步时，带上个篮子，去采蘑菇吧！但要注意，如果没有经过大人的允许，不要随意触摸蘑菇，因为有的蘑菇是有毒的。

请在可以食用的蘑菇上画圈，在危险的蘑菇上画横线。

鸡油菌

宽圆羊肚菌

牛肝菌

鹅膏菌

答案：可食用的蘑菇：鸡油菌、牛肝菌，不可食用的蘑菇：鹅膏菌。

种植你的小西红柿

1. 把 3 个有机小西红柿切成两半，取出里面的种子。

2. 把一个大花盆装满土壤（最好是花园中肥沃的土壤）。

3. 把种子埋到土壤表面下 2~3 厘米深的地方。

4. 浇水。

待西红柿茎长到 20 厘米时（大概需要几个星期），为保证生长的空间足够大，从中选出三株留下，其余拔去。留下的三株西红柿会继续生长，静静等待几个月，它们就会结出小西红柿啦！

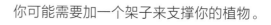

你可能需要加一个架子来支撑你的植物。

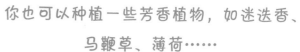

你也可以种植一些芳香植物，如迷迭香、马鞭草、薄荷……

零浪费：美味的南瓜汤菜谱

你需要的食材：
- ▶ 一个南瓜 *
- ▶ 两根胡萝卜 *
- ▶ 两个土豆 *
- ▶ 一汤勺粗盐
- ▶ 一小撮肉豆蔻
- ▶ 一汤勺橄榄油
- ▶ 半咖啡勺细盐

* 最好是有机蔬菜

1. 找个大人帮忙，切下南瓜顶部（大概三分之一左右）。

2. 用汤勺挖出南瓜肉，放到锅里。南瓜种子暂放一边。

   保管好南瓜壳，到时候要用它当盘子的！

3. 胡萝卜和土豆削皮、洗净、切好，放入锅中。

4. 锅中加水，直到将蔬菜盖住，然后点火煮。

5. 水煮沸后，加入粗盐。

6. 再煮 20 分钟，然后捣碎蔬菜。

7. 继续煮 10 分钟，然后加入肉豆蔻。

8. 煮汤过程中，准备好南瓜种子。

9. 预热烤箱至 150 摄氏度。洗净南瓜种子，然后把它们擦干。

   把种子放在一个色拉碗中，加入橄榄油和精盐搅拌均匀。

   放烤箱纸到一个盘子上，再把南瓜种子放在上面，然后用烤箱烤 15 分钟。

10. 烤好的瓜子可以当开胃菜。

    把南瓜汤倒入南瓜壳中，然后就可以请你的客人们品尝这道菜啦！

更环保的食物

有些食物的包装上会印刷下面这些图案 *。

它们是食物的标签。

从 33 页找到每个标签的含义。

请把它们剪下来，然后贴到相应的位置上。

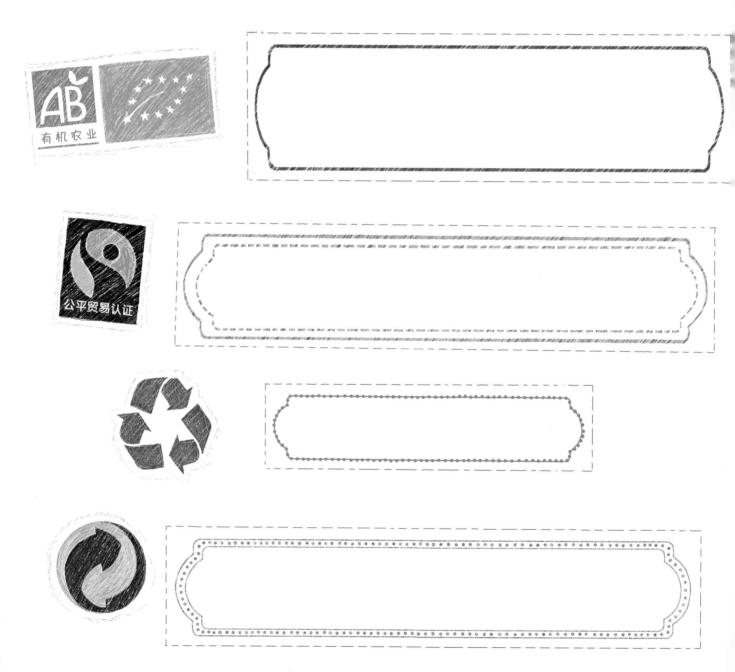

* 以上食物的标签都来自法国。

什么是有机食物？

有机作物的种植者更注重保护土壤，他们使用天然肥料，不使用化学杀虫剂。比如，他们利用爱吃虫子的瓢虫，来对付偷吃农作物叶子的蚜虫！

在有机动物养殖场，动物有更大的生存空间，它们可以自由活动，它们的幼崽跟着自己的母亲长大。养殖过程中也较少使用抗生素一类的药物。尝试一下在菜园里或阳台上种植有机水果和蔬菜吧，你会成功的！（参照第6页的"种植你的小西红柿"）。

从食材到盘中餐！

有些食物可以生吃，另外一些则必须加工之后才能吃。

请将生鲜产品和与它对应的加工产品连起来。

精加工食物

让我们做个调查！

为了让味道更诱人、储存时间更长久，超市里出售的"精加工"食物中都含有大量脂肪、葡萄糖浆、添加剂、色素和盐，而人类所需要的纤维、维生素和矿物元素的含量却很低。去做个调查，好好看看食物的标签吧。

有一个小技巧可以帮助你：一般情况下，标签填写的内容越多，食品加工程度越高！

请圈出下图中的精加工食品。

答案：精加工食品包括汽水、微波加热即食的食物、巧克力饼干、烧烤酱、软性饮料、罐装甜点、炸鸡翅和薯条。

11

食物添加剂

食物添加剂的作用是为了改善食物的口味，并大大延长其保质期。

我们可以通过包装上的配料（表）了解食品中有哪些添加剂。有的食品添加剂对身体无害，有的则可能对身体造成伤害。

在超市或者家中，都可以学习解码食品标签。

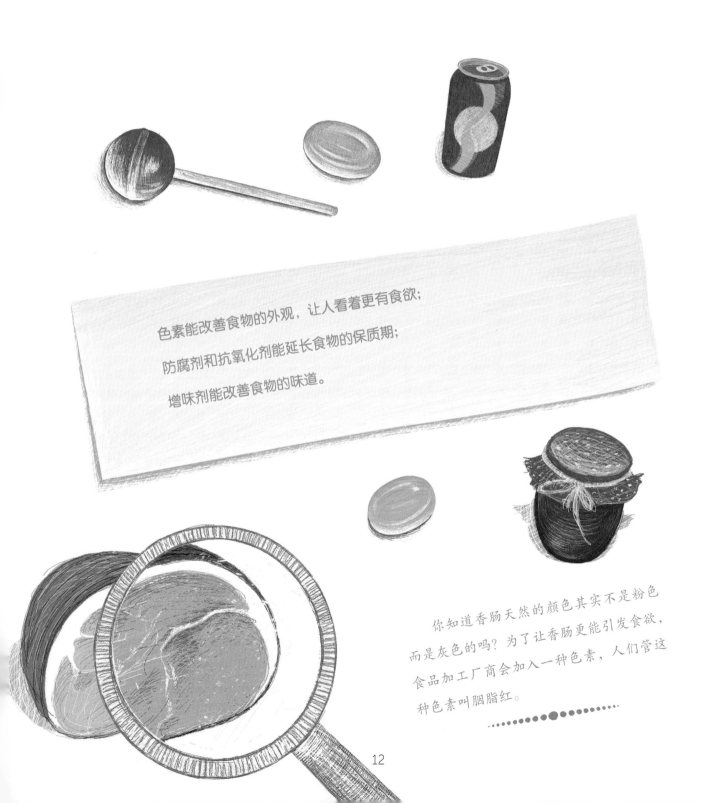

色素能改善食物的外观，让人看着更有食欲；

防腐剂和抗氧化剂能延长食物的保质期；

增味剂能改善食物的味道。

你知道香肠天然的颜色其实不是粉色而是灰色的吗？为了让香肠更能引发食欲，食品加工厂商会加入一种色素，人们管这种色素叫胭脂红。

……隐藏的糖！

大脑和肌肉需要糖分，才能保持一整天精力充沛。面包、水果、蛋糕和饮料等食物都含糖。值得注意的是，世界卫生组织建议每天摄取的糖分不能超过 25 克。

把下列食物和与它们对应的含糖量连线，如果不知道你可以查阅一些相关资料！

25 克

5 克

13

成熟的水果

桃子、苹果、梨、杏、西番莲、香蕉、芒果和牛油果等摘下来后会继续成熟，这有赖于它们所释放的一种叫作乙烯的气体。相反，其他水果摘下来后就不再成熟了，乙烯只会加速它们的腐烂。

请把下面的食物涂上颜色。这个表格能够帮你在购买水果时做出更好的选择。

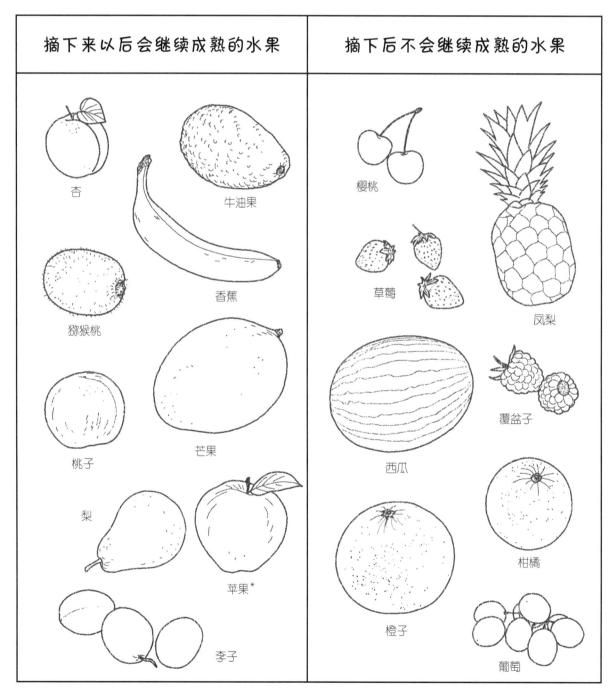

摘下来以后会继续成熟的水果	摘下后不会继续成熟的水果
杏　牛油果　香蕉　狝猴桃　桃子　芒果　梨　苹果*　李子	樱桃　草莓　凤梨　西瓜　覆盆子　橙子　柑橘　葡萄

* 苹果在适宜的环境温度下成熟得非常快。你可以把苹果放到冰箱里保存。

14

水果没成熟？那就给它加把劲儿吧！

1. 把没有熟透的水果放入一个纸袋中。

2. 再放入一个能释放大量乙烯的水果，比如香蕉、番茄或苹果，把袋子封起来，但注意不要封太紧。

3. 把纸袋放在合适的环境温度下。当水果变得有点软，并开始散发果香时，就可以吃啦！

口感像"面粉"的桃子

　　有些水果一旦在低温条件下保存时间太长，就不能自己继续成熟了。很多桃子就是这样，它们看起来漂漂亮亮，但吃起来口感却像"面粉"。

　　冷藏的桃子运到超市时就不好吃了！最好去市场找那些小商贩们刚摘下来的新鲜桃子！

甜的，咸的，酸的还是苦的？

请剪下 35 页的食物，并把它们贴在对应的盘子上。

咸的

甜的

16

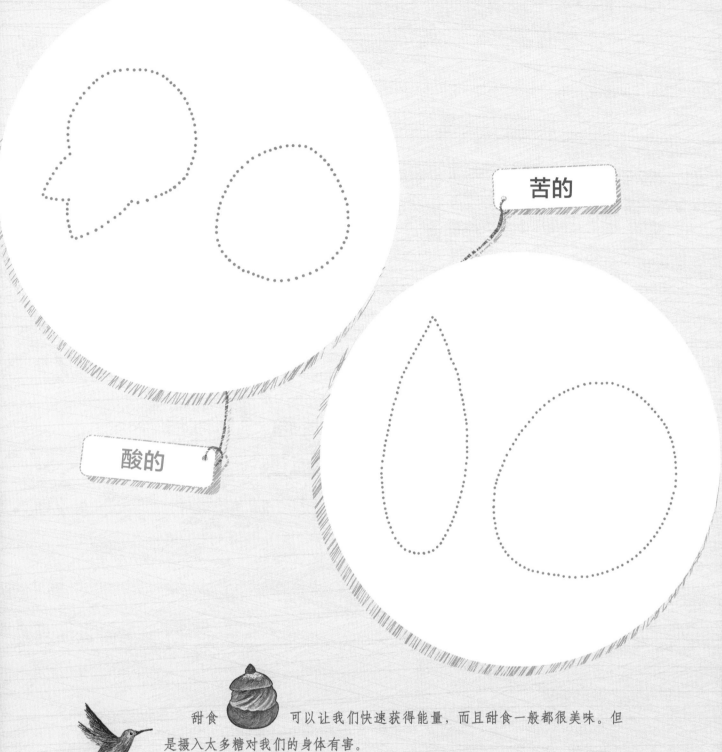

苦的

酸的

甜食 可以让我们快速获得能量，而且甜食一般都很美味。但是摄入太多糖对我们的身体有害。

酸的食物 或苦的食物 中含有很多营养物质，但是很多人不喜欢它们的味道。

咸的食物可以帮助我们维持体内的水分，但人体需要的盐分其实非常少，而我们却总是摄入得太多！

身体就像一部机器，需要每天维护保养

摄取健康食物对维护"身体机器"至关重要！食物中的营养物质对于身体成长、维持健康、思考、创造和保持愉快心情都不可或缺！

请剪下 37 页的食物，把它们贴在相应的位置上。

糖

脂肪

蛋白质

矿物质

维生素

糖可以提供能量：糖分为快糖和慢糖。糖果、果酱、蜂蜜等属于快糖；意大利面、面包等是慢糖。

脂肪可以储存能量以备以后需要时使用，还可以运输一些维生素。我们可以从黄油、植物油、动物油、油性鱼类中获得脂肪。

蛋白质是组成和更新肌肉、头发和指甲的主要物质。鱼、干果、扁豆和鸡蛋等富含蛋白质。

维生素是身体必不可少的营养物质，我们可以从水果和蔬菜中摄取此类营养。

矿物质元素对骨骼的组成和更新至关重要，还可以维持机体内的水分。奶酪和巧克力等食物富含矿物质元素。

我们体内含有大量水分，而且需要不断更新！

请在下面画一幅自画像，然后把你最喜欢的食物画在周围。

均衡的食物！

要想身体获得均衡的营养，一日三餐按比例搭配很关键！

剪下 39 页的食物，把它们按正确比例贴在下面的盘子上，

搭配出一道营养均衡的菜肴吧。

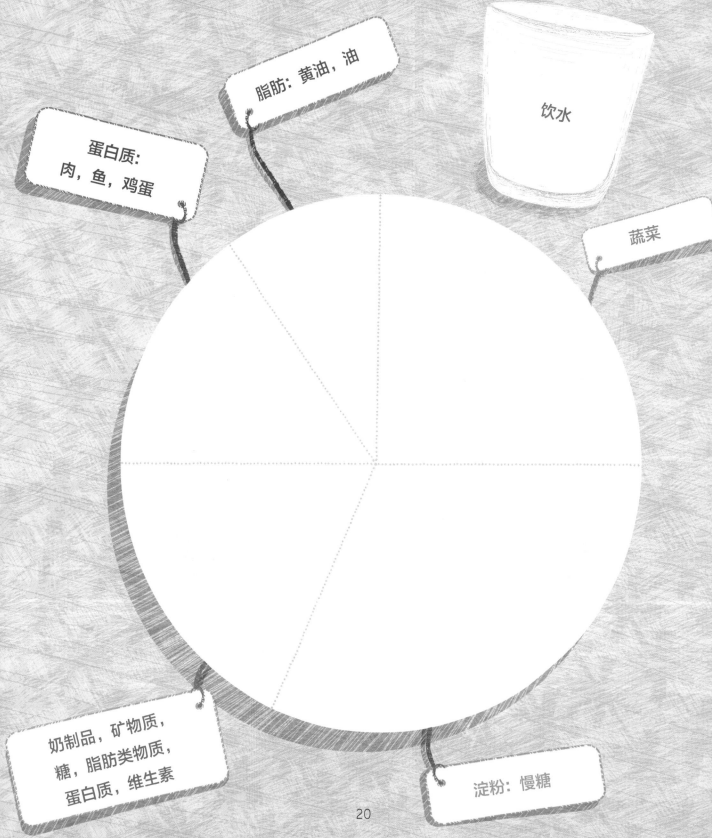

脂肪：黄油，油

饮水

蛋白质：
肉，鱼，鸡蛋

蔬菜

奶制品，矿物质，
糖，脂肪类物质，
蛋白质，维生素

淀粉：慢糖

食物背后的小故事

有些我们常吃的日常食物，我们的祖先可能根本没见过！

读一读下面食物的有趣故事，然后将它们与对应的食物连线。

A ○　　**1** ○
我是一种来自巴西的水果，我的名字源于"nana"这个词，它在瓜拉尼语（南美洲的一种语言）中的意思是"香香的"。1493 年，哥伦布在瓜德罗普岛发现了我。

B ○　　**2** ○
安第斯（南美洲）印第安人最早开始种植我，这已是 8000 年前的事情了！后来，大约在 1570 年，我跟随那些返乡的西班牙殖民者一起穿越大西洋，在西班牙初次为人所知，他们管我叫"patata"。

C ○　　**3** ○
我来自南美洲的秘鲁。人们最开始管我叫"秘鲁苹果"，后来在墨西哥，人们又给我起了个名字叫"tomalti"，这个词是由阿兹特克语中的"zitomtae"衍生而来的。

D ○　　**4** ○
我源自南美洲一种非常古老的饮料，当年只有玛雅的贵族才能享用。后来，阿兹特克人把我的豆子当作价值很高的货币。一开始，西班牙的殖民者觉得我的味道太苦了，后来他们才想出把我与糖混合在一起这个法子！

答案：A-2；B-4；C-1；D-3。

21

食物过敏

如果吃到有毒的食物，我们可能会呕吐，咳嗽，皮肤上长红点……如果你对一种大家吃了都没事的食物过敏，也会产生这些反应。

最常见的过敏原包括坚果（榛子、杏仁、花生……）、鸡蛋、麸质（麸质属于蛋白质，存在于多种谷物比如小麦当中）、牛奶、海鲜……

22

制作无麸质巧克力蛋糕

需要的材料包括：
▶ 4 个鸡蛋
▶ 70 克红糖
▶ 200 克黑巧克力
▶ 70 克软黄油
▶ 70 克米粉

1. 请一位大人帮你把电烤箱预热到 210 度。

2. 用打蛋器在一个碗中搅拌鸡蛋和糖，直到完全变白为止。

3. 把巧克力和黄油切成小块，分别熔化，然后一起倒入碗中，搅拌。

4. 再在碗中慢慢加入米粉，充分搅拌，直到面团光滑均匀。

5. 在模具表面涂上黄油，然后把面团放到模具里。

6. 将面团连同模具放入烤箱烤大约 25 分钟。烤完先冷却几分钟，然后再把蛋糕从模具中拿出来享用！

小 贴 士
• • • • • • • ● • • • • • • •

怎么知道你的蛋糕烤好了？

请一位大人帮忙，用一把刀切入烤箱里的蛋糕中。如果取出来时，刀上只是有一点儿潮湿，说明蛋糕已经烤好啦！如果取出来时，刀上粘了黏糊糊的东西，那就再继续烤几分钟吧。

少吃肉，多吃豆！

肉类在我们的一日三餐中占有重要地位，因为它含有大量蛋白质，还有对我们的健康不可或缺的脂肪和铁元素。但同时，我们又被告诫不要天天吃肉……这是为什么呢？

大多数肉类的脂肪含量很高，有时还含有一些不太健康的物质，比如抗生素和激素。所以，很多人建议用植物蛋白代替肉类蛋白。

下面这些食物富含纤维或蛋白质。其中豆类食物脂肪含量很低，但蛋白质含量丰富。

用红色圈出你认识的，用绿色圈出你想要品尝的。

红豆

羽衣甘蓝

鹰嘴豆

核桃

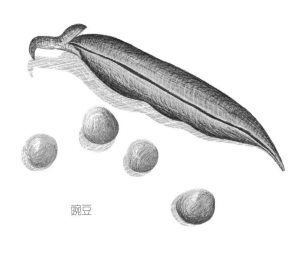

豌豆

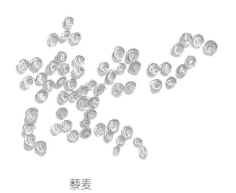

藜麦

杏仁

西兰花

小扁豆

请吃当季食物！

当季水果和蔬菜不仅味道好，对我们的健康也更有利！

天气炎热的时候，你的身体需要富含水分的食物，比如西瓜或西红柿。冬天，为了弥补阳光的不足，你的身体需要摄取更多的维生素 C，橘子富含维生素 C，所以你可以多吃些橘子。

而你吃到的反季节蔬菜和水果都是在温室里培养的，大多数都喷洒了杀虫剂。此外，一些反季节蔬果是从很远的地方空运过来的，这种做法会进一步污染我们的星球！所以请多吃当季食物。

请把下一页的食物涂上颜色。你可以剪下这个表格，贴在厨房里。

冬天　花菜　橘子　柚子　梨　葱　柠檬

秋天　苦白菜　葡萄　猕猴桃　西兰花　南瓜　无花果

夏天　黄瓜　茄子　小萝卜　番茄　西瓜　胡萝卜

春天　覆盆子　芦笋　草莓　苹果　生菜　洋蓟（i）

健康饮食，行动起来吧！

从小麦到面包

在法国卢瓦尔省峡谷中的雷图尔纳克镇有一个小麦农场，那是一个可以体验集体农耕生活的地方。在那里，有机小麦协会的组织者会带着孩子们了解农民的工作，并向他们展示小麦从麦穗变成热腾腾的面包的整个过程。

首先，孩子们一起到田野里漫步，触摸麦子，嗅闻麦子的气味；然后，他们和收割脱粒后的麦粒一起到距离那里不远的磨坊，看着麦粒被筛选、研磨，变成面粉；最后，他们在农场附近的面包房里和面团，然后把和好的面团放入面包机中。等到面包烤好以后，就可以吃啦！

纯天然食品

"第三处所视野"设立于法国莫尔旺自然公园南部一家古老的书店里。这里向孩子们推出了回收电子元件、采摘水果蔬菜、做饭等活动……例如，孩子们将漫步森林，学习如何分辨可食用蘑菇和其他植物，然后采摘野韭菜、蒲公英和百里香，这些植物可以用来制作什锦沙拉。最后大家回到厨房，一起动手操练！

水果蔬菜真正的味道

　　在法国莫尔旺地区，阿莱尼斯协会走进校园，利用蔬菜卡片帮助孩子们认识蔬菜或者植物，找出蔬菜的名字，将蔬菜根据季节或产地进行分类……孩子们在美丽的教学大花园里，寻找制作"神奇水"的原料。每个孩子都要采一根胡萝卜、一个西葫芦、一点点香芹……最后用这些原料做一道美味的蔬菜汤！孩子们的游戏常常以品尝当季蔬菜作为结尾。

有机农业：这是一种用天然的方法生产食物的方式，种植者表现出了对土地和动物的尊重。生产过程是纯天然的，没有采取化学的处理方式。

产品产地通常距离很远，因为运输成本高，已经向当地的个体农民补贴了合理的运费。

包装可以回收。

生产厂商已经向负责包装回收和分类的企业支付了相应的费用。

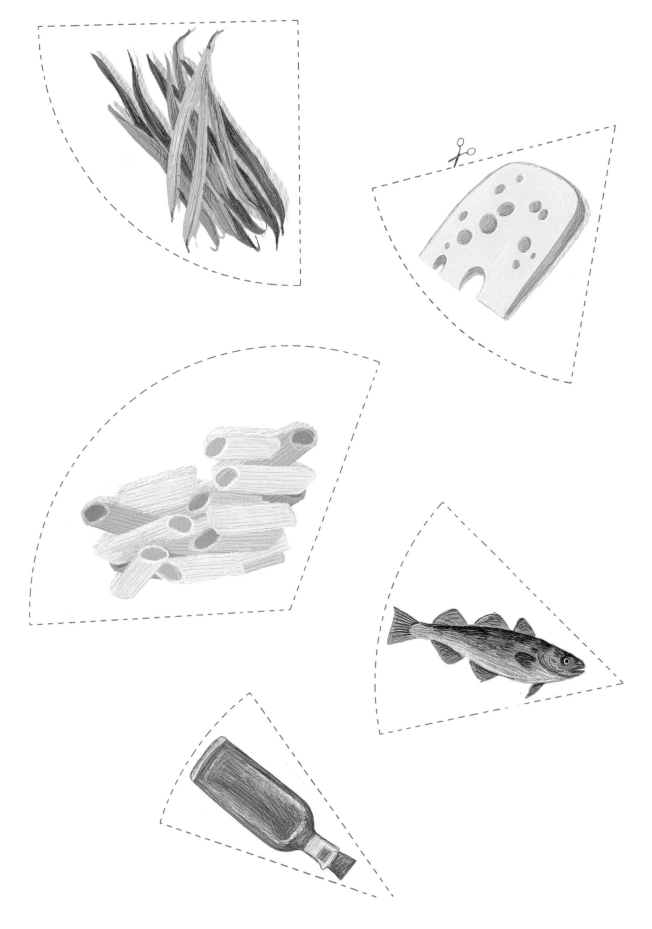

你最喜欢的食物是什么呢？把它拍下来或画下来吧。请告诉我们它是你自己做的还是购买的，如果自己做的可以说说制作步骤。

期待你把自己的想法和摄影作品、绘画作品分享给我们！请扫描二维码，收听本书的音频专辑，在专辑里点击"留言"就可以上传啦！

图书在版编目（CIP）数据

我的自然观察游戏书.生活篇:《小菜园》《食物与生活》/（法）菲利普·戈达尔,（法）玛丽-克里斯汀·雅克,（法）宝拉·布鲁佐尼著;（法）伊莎贝尔·辛姆莱尔绘;李璐凝译.—上海:上海社会科学院出版社,2020

ISBN 978-7-5520-3388-5

Ⅰ.①我… Ⅱ.①菲…②玛…③宝…④伊…⑤李… Ⅲ.①自然科学-少儿读物 Ⅳ.① N49

中国版本图书馆 CIP 数据核字（2020）第 234965 号

我的自然观察游戏书（生活篇）：小菜园　食物与生活

著　者：	〔法〕菲利普·戈达尔　〔法〕玛丽-克里斯汀·雅克
	〔法〕宝拉·布鲁佐尼
绘　者：	〔法〕伊莎贝尔·辛姆莱尔
译　者：	李璐凝
责任编辑：	赵秋蕙
特约编辑：	张培培
封面设计：	田　晗
出版发行：	上海社会科学院出版社

上海市顺昌路 622 号　　　　　邮编 200025
电话总机 021-63315947　　　　销售热线 021-53063735
http://www.sassp.cn　　　　　　E-mail: sassp@sassp.cn

印　刷：	鹤山雅图仕印刷有限公司
开　本：	889 毫米 ×1194 毫米　1/16
印　张：	5.5
字　数：	32 千字
版　次：	2021 年 2 月第 1 版　2021 年 2 月第 1 次印刷

ISBN 978-7-5520-3388-5/N·009　　　　　定价：79.80 元（全两册）

版权所有　翻印必究